我的第一本科学漫画书

热带雨林
历险记⑤
魔鬼镰刀手

我的第一本科学漫画书

热带雨林历险记 ⑤

[韩] 洪在彻/文
[韩] 李泰虎/图
苟振红/译

魔鬼镰刀手

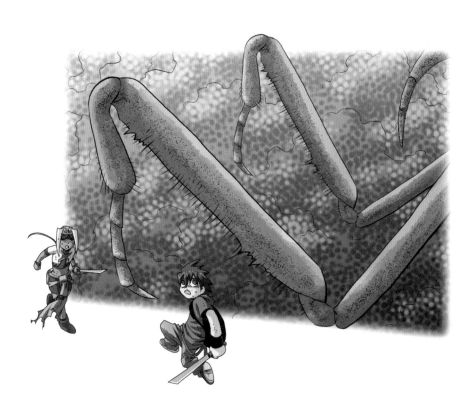

21
二十一世纪出版社集团
21st Century Publishing Group

"哇，还有这么高的树啊？"

发出这种感慨，是初次前往婆罗洲热带雨林考察时。乘着船沿江而下，迎面而来的浩瀚雨林，令我惊得一时合不拢嘴。参天的雨林比城市里的摩天大厦还要高，枝繁叶茂，遮天蔽日。眼见这壮观的景色，想到雨林中繁衍生息着许多人类连名字都不知道的生物，不由得赞叹自然的神秘与伟大。

热带雨林可谓是地球的肺。热带雨林制造的氧气几乎占地球全部氧气量的一半左右；假如热带雨林消失了，二氧化碳将导致全球变暖，地球的气温就会持续上升，直至令人类消亡。据统计，全世界一千万种动物中，有一半以上生活在热带雨林中。马来半岛仅五十万平方米的热带雨林中的植物种类比整个北美大陆的还要多。

热带雨林是未知的土地。人类对热带雨林还不及对月球了解得多，婆罗洲热带雨林的很多地方至今人类还未涉足。"热带雨林(Jungle)"一词源自古印度的梵文"Jangalam"，意为"未开垦的地域"。那里有形形色色的美丽花朵和奇形怪状的昆虫，有能够在天上飞的蛇，还有生活在树上的青蛙等。热带雨林中，有很多我们匪夷所思的动物自由、和谐地生活在一起。

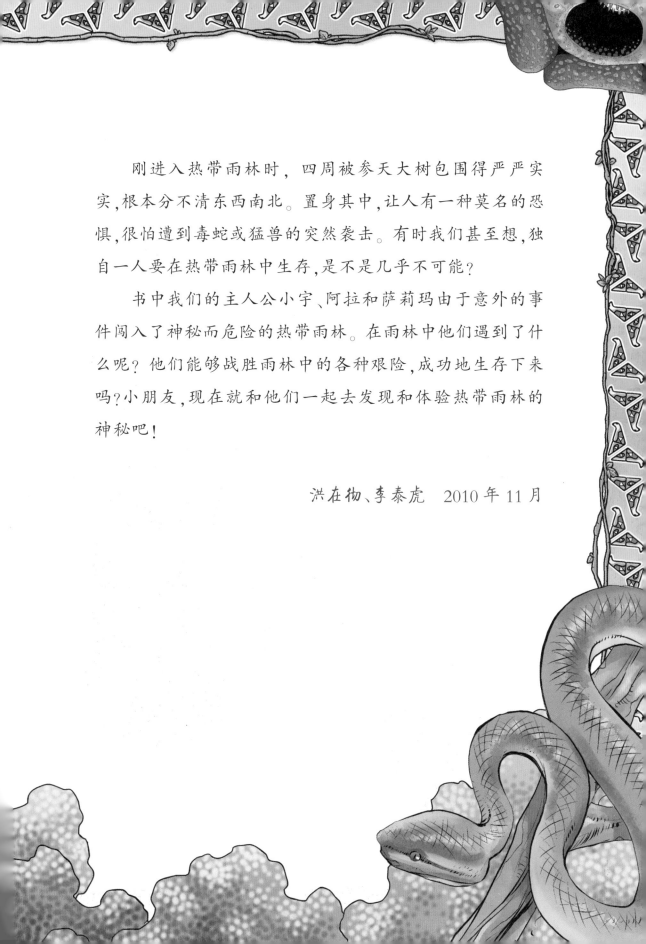

　　刚进入热带雨林时，四周被参天大树包围得严严实实，根本分不清东西南北。置身其中，让人有一种莫名的恐惧，很怕遭到毒蛇或猛兽的突然袭击。有时我们甚至想，独自一人要在热带雨林中生存，是不是几乎不可能？

　　书中我们的主人公小宇、阿拉和萨莉玛由于意外的事件闯入了神秘而危险的热带雨林。在雨林中他们遇到了什么呢？他们能够战胜雨林中的各种艰险，成功地生存下来吗？小朋友，现在就和他们一起去发现和体验热带雨林的神秘吧！

洪在彻、李泰虎　2010 年 11 月

目录

第 1 章　失散的伙伴　11

第 2 章　马来鳄的出场　31

第 3 章　丛林的最强者　53

第 4 章　陆地上最大的花　81

第 5 章　没有叶子的树　97

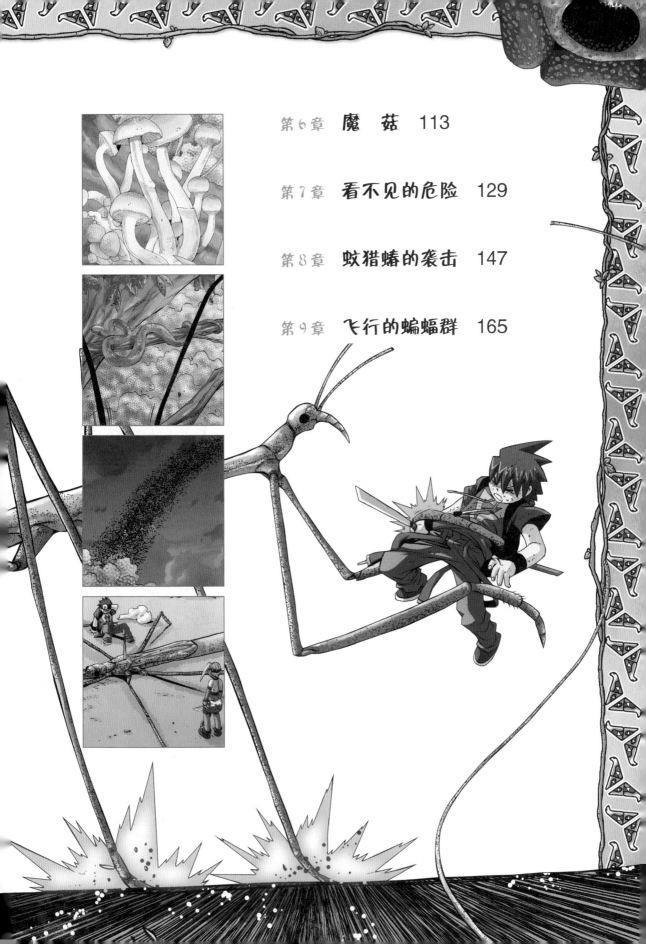

第6章 魔菇 113

第7章 看不见的危险 129

第8章 蚊猎蝽的袭击 147

第9章 飞行的蝙蝠群 165

小宇

　　由于开玩笑无底线，平时在朋友面前无丝毫威信。不过他真是个"生存"高手，一旦感知到危险，便能以动物般的机敏摆脱危机。为了寻找渡江时因受湾鳄袭击而失散的阿拉和小明坚持战斗。

优点：旺盛的精力。
弱点：肚子饿了马上进入力竭状态。

阿拉

　　娇小而柔弱的少女，但内心比任何人都要强大。为了患病的父亲而进入丛林探险，收获了不畏艰险的勇气和牢固的友谊。和小宇、萨莉玛失散后彷徨了一阵子，但并未放弃再次相见的希望。

优点：对朋友无比信任。
弱点：体力较弱。

萨莉玛

在丛林中出生并长大的少女战士。热带雨林既是她的故乡，也是她未来生活的家园，所以她对丛林中发生的各种奇特事件都非常关注。为了寻找行踪不明的哥哥而自愿加入雨林探险，与来自城市的朋友们一同经历了生死苦乐，建立了深厚的友情。

优点:热带雨林的生存技能高超。

弱点:讨厌令人窒息的小宇的臭屁。

小 明

在小宇一行人的帮助下,他从塔兰托毒蛛口中脱险,并加入了雨林探险。每次面临危机时,都能靠聪颖的头脑和卓越的运动神经来帮助朋友们。在与小宇和萨莉玛失散后,是他给予疲累的阿拉希望和勇气。

优点:快速的判断力,敏捷的身手。

弱点:害怕蠕动的形状各异的毛毛虫。

第1章　失散的伙伴

啊……鳄鱼被干掉了吗？

萨莉玛！

噗哈

没事吧？

咳咳 咳咳

是、是的！

先把刀放进背包里吧。

活动的时候胳膊很容易被划伤的。

知道了。

小宇啊

小宇！

萨莉玛！

你们在哪儿？

冷静点儿，阿拉！

刷啦

啊啊

噗哈

阿拉！我在这里，这里！

呜呜呜呜

不行，现在这种情况不可能自己游过去，必须寻找其他的方法。

阿拉，仔细听我说，你看到那边的竹子了吧？

现在要渡江好像有点儿困难，我们先抓住它再说，明白了没？

伙伴们，你们先渡江吧，待会儿在江对岸见！

萨莉玛，小明好像在对我们说什么，你能听得见吗？

水声太大，完全听不见他的声音。不过看手势应该是让我们先渡江的意思吧？

……

咦，他们俩在干什么呢？

刷啦 刷啦

往下游游过去了呢。

呃，顺着水流的方向走也这么难掌握平衡啊！

呜 呜 呜 呜 呜

马上就……

啪

啪

小心点儿，
萨莉玛！

嘿哟！

阿拉,小·明！你们一定要
好好儿的！不管用什么办
法我都会找到你们的！

哗哗哗哗

一定！

婆罗洲的河流

当地人乘着木筏在水上行驶。

被蜿蜒的水流侵蚀而成的地形。

世界上最大的热带雨林

婆罗洲热带雨林中生存着 15000 种以上的植物和 1400 种以上的动物，包括两栖动物、鸟类、鱼类及哺乳动物，是生态系统的大宝库。但婆罗洲热带雨林并不是最大的，亚马孙热带雨林和刚果热带雨林都比婆罗洲雨林大。

●世界最大的雨林——亚马孙热带雨林：作为南美大陆最具代表性的热带雨林，其面积约 550 万平方千米。全世界氧气量的 20% 以上是在亚马孙热带雨林中产生的。另外，这里生长的植物全部加起来有 9 万多吨，全世界鸟类的五分之一生活在这里。

●世界第二大的雨林——刚果热带雨林：地处非洲大陆中西部，面积仅次于亚马孙热带雨林，有"地球第二肺"之称。这里汇聚了丰富的物种，被称为"地球最大的物种基因库"之一。但这片森林却因战乱而伤痕累累。

遭受破坏的亚马孙热带雨林 不仅是婆罗洲热带雨林，亚马孙热带雨林和刚果热带雨林也因无节制的开发和采伐而处于严重的破坏中。

第 2 章　马来鳄的出场

真是太危险了!

阿拉呀,现在我们没事了!

呼哧!

呼哧!

我还怕这次渡江会失败,心里不知道有多紧张呢!

呼哧!

呼哧!

不过……我们往下漂了多远啊?

这个嘛……

水流这么急,应该至少漂了 10 千米吧?

10 千米?在热带雨林的江中漂了 10 千米的话,还能再见到小宇和萨莉玛吗?

还有我爸怎么办……

阿拉？

怎么了？你在替小宇和萨莉玛担心吗？

他们不会有事的，别担心了。

话虽这样说……

但我怕在这充满突发事件的热带雨林中，再也见不到他们了。

另一种办法是在这里生起篝火耐心等待。在雨林里就算生起篝火，如果他们不是处在很高的地方，也会由于枝叶的遮挡而很难发现我们。而像这里这样开阔的地方，生起篝火比较容易被发现。

不过我们没有像样的武器呀，而且现在我已经非常累了。

所以说呀，我们在这里生起篝火等他们不好吗？

好，就这么办吧。

那先去捡些柴火吧！

嗯。

先停一下。

这……这不是鳄鱼的脚印吗？

莫、莫非是之前攻击我们的鳄鱼到这里来了？

怎么可能？就算它撞上暗礁之后仍然活着，也不可能来到这么远的地方。虽然不确定是不是别的鳄鱼……

但从前后脚印的间隔看来，这家伙相当大啊！

3米

小明，我们快离开这里吧！

等……
等一下！

水草里面
有东西！

吱吱吱吱

啊啊！是……是鳄鱼！

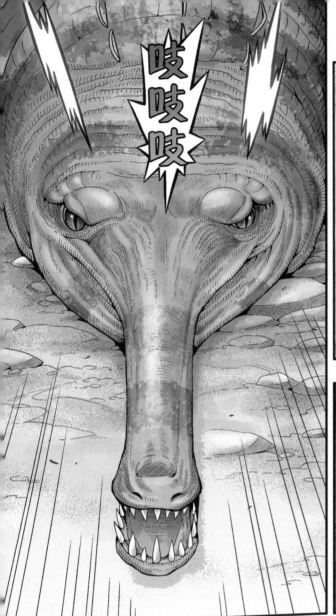

吱吱吱

这只不是湾鳄,是马来鳄,你看它的嘴巴。

马来鳄有这么大吗?

嗯。成年马来鳄的身长能达到5米以上。和捕食哺乳动物的鳄鱼不同的是,这家伙只吃鱼类。

为了在水中容易捕到鱼,它们的嘴巴才进化成能最大程度减少阻力的细长形。

湾鳄

马来鳄

不过对于我们来讲，值得庆幸的是，马来鳄虽然块头大，但性格却相对温顺。

为了以防万一……

……

只要我们不去刺激它，应该没什么危险。

我最好也准备一些。

最好远远地绕开它走。我在前面带路。

嗯。

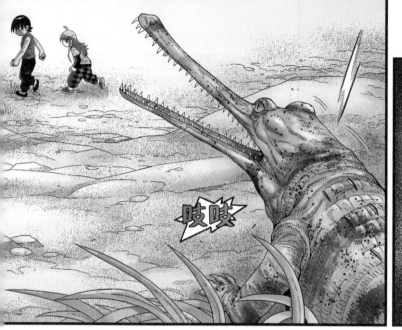

吱吱

要是小宇和萨莉玛在的话,心里会踏实得多……

糟了!

怎么了,小明?

停住

好像不止一只。

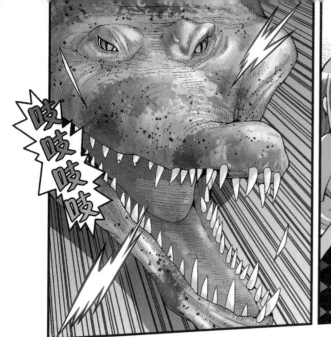

吱吱吱吱

奇怪呀，马来鳄原本不是群居的动物，而且攻击性也不强的。

小明！那边是不是马来鳄的窝？

哎呀，原来这里是它们的产卵地！听说产卵期的雌马来鳄异常凶恶！

吱吱吱吱吱

它……它们在向我们靠近！

吱吱吱吱

阿拉，现在我们只能往丛林里面跑了！

怎么跑啊？丛林那边也有马来鳄！

我把丛林那边的马来鳄引开，我发出信号时你马上就跑过去！

那样你太危险了吧！

别担心，我对自己的速度还是很有信心的。

啪

一定要打中哟……

没错！扑过来吧！

……

行了！

啪啪啪

知道了！
你也小心！

阿拉,就趁现
在！快跑！

吱吱吱

啪啪啪

吱吱

吻部细长的鳄鱼——马来鳄

马来鳄是生活在印度尼西亚、马来西亚、泰国南部等地淡水中的爬行动物。其嘴巴狭窄而锋利，虽然长得像长吻鳄，但实际上属鳄亚科，所以其英文名也叫做"False Gavial"，就是"伪长吻鳄"的意思。

马来鳄的吻部

● 繁殖：雌鳄长到 2~3 米左右就可以产卵，每窝产卵 15~60 枚。与其他鳄亚科的爬行动物不同的是，马来鳄产卵并完成造窝后，并不会照看幼鳄。

● 食性：以前人们曾认为马来鳄是专吃鱼类的鳄，但最近根据对马来鳄胃里内容物的分析结果发现，马来鳄不仅吃鱼类、昆虫、甲壳动物等，还会捕食猴子、鹿和蝙蝠等。

©Shutterstock

马来鳄(学名 Tomistoma schlegelii)
体　　长：4~5.5 米
栖息地：印度尼西亚、马来西亚、泰国南部等地的湖泊、江流及湿地。

胆小的鳄鱼——恒河鳄

属鳄目恒河鳄科，全世界只此一种。主要生活在印度河、恒河、马哈拉迪河及布拉玛普特拉河中。

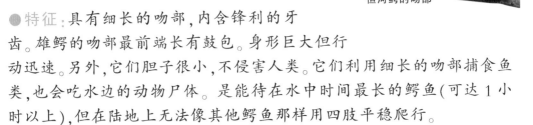

恒河鳄的吻部

● **特征**：具有细长的吻部，内含锋利的牙齿。雄鳄的吻部最前端长有鼓包。身形巨大但行动迅速。另外，它们胆子很小，不侵害人类。它们利用细长的吻部捕食鱼类，也会吃水边的动物尸体。是能待在水中时间最长的鳄鱼(可达1小时以上)，但在陆地上无法像其他鳄鱼那样用四肢平稳爬行。

● **繁殖**：在江边的草地或沙地中挖洞筑巢，每年3~4月产卵，每次产卵40枚左右。恒河鳄的蛋是所有鳄鱼当中最大的哦。

恒河鳄(Gavialis gangeticus)
体长：4~7米
栖息地：印度北部江河

第３章　丛林的最强者

就是现在！

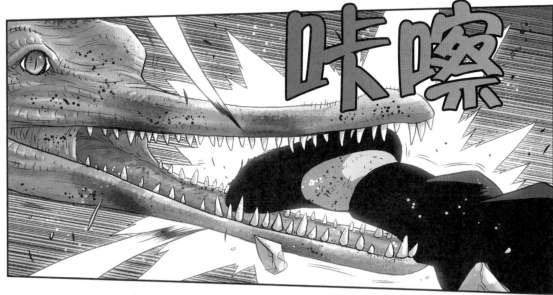

阿拉！

这样你很危险！快逃！

不要！现在我不想再和谁分开了！

咔嚓

咔嚓

咔呃呃！

哗啦

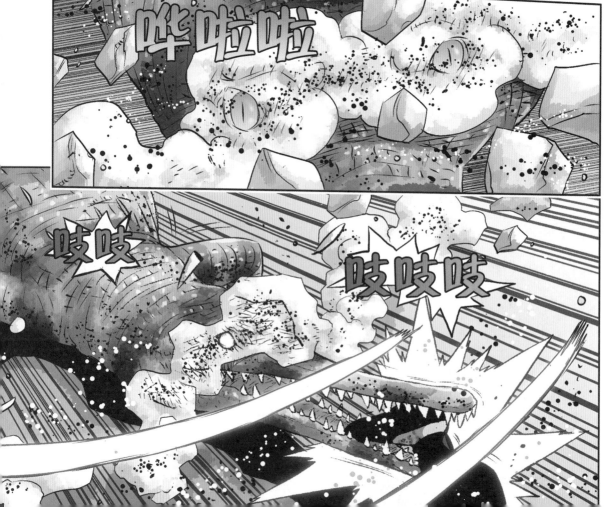

啊，去那边！

在这家伙恢复视力之前！

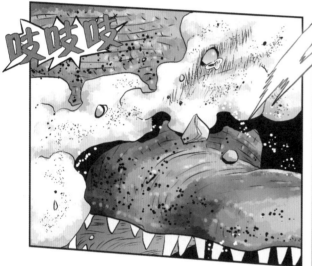

咔呃！

吱吱

吱吱

吱吱吱吱

吱吱

咚咚

怎么办,怎么办?!

哗啦

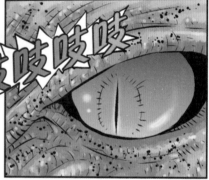

吱吱吱吱

呃啊啊!

呼啦啦啦

咳咳!
咳咳!
我在这儿!

小明!

太好了!
你没事就好!
阿拉!

多亏大象救了我们。刚才我动弹不了,还以为死定了呢。

你的伤口怎么样? 能走路吗?

哎呀,流了这么多血!肯定很疼吧?

有点刺痛但问题不大,受这点小伤已经算幸运了。

不过……真是壮观啊。

5米多的马来鳄遇到大象也会慌忙逃窜。

虽然亚洲象比非洲象块头略小,但最大的雄象体重能超过5吨。

我们出发吧!

刺痛

呼呜呜呜呜呜

要再次进入热带雨林,太恐怖了……

耳朵小的亚洲象

亚洲象主要分布在中国云南西双版纳、印度、苏门答腊岛和婆罗洲岛等南亚和东南亚地区。成年亚洲象体长5.5~6.4米，肩高2.5~3米，体重3~5吨。与非洲象相比，亚洲象体型略小，耳朵较小，前额较平。全身深灰色或棕色，体表散生有毛发。

● 习性：喜群居生活，每群数头或数十头不等，由一头成年母象作为首领，没有固定住所，活动范围很广，常长途跋涉寻找水源。它们会在炎热的白天休息，在清晨、傍晚及夜间出来寻找竹笋、嫩叶、树皮、果实等为食。

● 种类：包括印度象、锡兰象、马来象和苏门答腊象四个亚种。其中锡兰象是亚洲象中最大的品种，目前已濒临绝种。

亚洲象 (Elephas maximus)
肩　高：2.5~3米
体　重：3~5吨
栖息地：中国云南、印度、斯里兰卡、缅甸、印度尼西亚、苏门答腊岛、婆罗洲岛等。

©Zooamerune

亚洲象 VS 非洲象

©Rajesh Kakkanatt

	亚 洲 象	非 洲 象
块头	体长 5.5~6.4 米,肩高 2.5~3 米,体重 3~5 吨	体长 6~7.5 米,肩高 3~4 米,体重 4~6 吨
象牙	雌象无象牙,有些雄象也没有	雌象、雄象都有象牙
耳朵大小	小	大
鼻端突起	1 个指状突	2 个指状突
头顶形状	凹陷	扁平
背部形状	隆起	凹陷
脚趾	前足 5 趾,后足 4 趾	前足 4 趾,后足 3 趾

第4章　陆地上最大的花

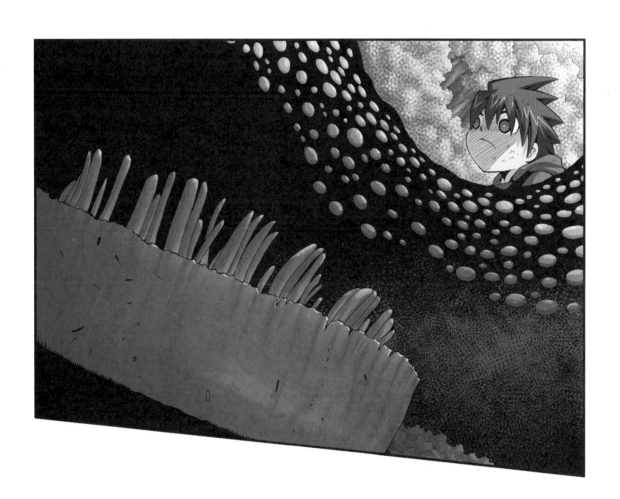

已经向下走了好一会儿了，一点儿痕迹也看不到。

会不会和他们走岔了？还是他们没能成功渡江啊？

你还要再问几次啊？他们肯定会找到合适的机会渡江的。

而且你想想，要想在雨林中会合只有在开阔的地方生起篝火后等待，

或像我们这样沿江行进两种办法。

哎,这个我知道,不过……

他们没有丛林刀,也没有能点火的工具嘛。

我怕在太阳落山前找不到他们,因为担心才这么问的。

你要相信他们,他们都很坚强的。

太过担心了反而不好。

真的很可靠吗?

看好了!

啪
啪

咕
噜
噜
噜

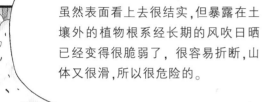

虽然表面看上去很结实,但暴露在土壤外的植物根系经长期的风吹日晒已经变得很脆弱了,很容易折断,山体又很滑,所以很危险的。

哗啦啦

别白费力气了,从其他地方绕过去才是上策。

知道了,就是要重新进入雨林中的意思呗。

啊?

等……等一下!那是什么?

沙沙

沙沙

沙沙

天……天哪,树叶居然在走来走去!

而且还那么大一片!

真、真不敢相信啊!

咆啊啊~~

热带雨林真是让人疯掉了!出现巨大的昆虫还不够,现在居然还跑出来会走路的植物!

昆虫?

莫非……

啊哈，那是拟叶虫。因形状和颜色都和落叶相似而得名，通常个头较小而且藏在树叶里面，所以一般很难见到。

现在它虽然因基因突变而变大了，但它原本就是温顺的食草昆虫，所以没事。

像叶子的昆虫？

我得走近看看。

婆罗洲热带雨林里神奇的昆虫真是太多了！

为什么会发生基因突变呢？

因为这片雨林是我未来生活的家园。

找到哥哥以后，就算把雨林翻个底朝天，我也要揭开这个谜底。

！

果然是女中豪杰！

不管怎么说，现在最重要的是尽快和他们会合。我们赶紧走吧！

吭
吭

呜哇

天哪，怎么这么臭啊！

好像是什么东西腐烂的味道，这附近应该有什么动物吧，从气味来判断块头应该相当大。

这么说也有可能是人了。

为了以防万一，我们还是赶紧搞清楚吧。

好像在这边。气味越来越浓了。

你就这么小看我？我也是会看书看纪录片的！

啊哈，是吗？

莱佛士花是寄生植物,全部的营养都要从宿主身上获取,所以它完全没有叶、茎和根。

它之所以会散发尸体腐烂的味道，其实道理和其他花儿靠香气和花蜜引诱蜜蜂或蝴蝶来传播花粉一样，只是它是利用苍蝇来帮它传粉。

哇！

好香啊！

嗡嗡

赶快产卵吧！

嗡嗡

嗡嗡~

啊！脏死了！

臭气熏天

臭气熏天

哟呵，看来我得对你重新认识啊！

莱佛士花生长得非常缓慢。光开花就要耗费1个月的时间,但如此艰难开放的花朵不过3~7天就凋谢了。

因此,在我们原住民中流传着"见到莱佛士花就会有好事发生"的说法。

哇!今天打猎会很顺利吧?

希望也能给我们带来幸运,让我们尽快见到他们。

我们暂时休息一下,顺便看看周围有没有其他的莱佛士花吧。

好,赞成!

这里有朵还没开花的。

嗯?

这是什么味儿?

吭

吭

各种像叶子的昆虫

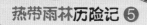
©Shutterstock

像叶子的蝗虫

©Olei

东方原缘蝽

©Drägüs

叶虫

©B D@flickr

澳洲瘤鞘尖爪铁甲

世界上最大的花——莱佛士花

莱佛士花的花蕾

生长在东南亚岛屿和马来半岛等热带雨林中的寄生植物。因号称世界第一大花而闻名。最为出名的莱佛士花是生长在马来西亚的大王花，花的直径可达1米，重量达11千克。

● **特性** 莱佛士花作为寄生植物，全部养分都从宿主身上获得。所以它没有叶、根、茎，只有几片大大的花瓣。莱佛士花的营养器官是线状的纤维，它们侵入宿主的茎部吸取养分。

● **生长过程** 莱佛士花在植物的茎内部形成花蕾后，在内部生长成像洋白菜一样的圆形。到了一定的时间，花蕾会穿透宿主的茎部而出然后开花。从种子到形成花蕾到最后开花需要1~2年的时间，但花期仅3~7天。

大王花 (Rafflesia arnoldii)	
直　　径	1米
重　　量	11千克
生长地	东南亚岛屿和马来半岛

第5章　没有叶子的树

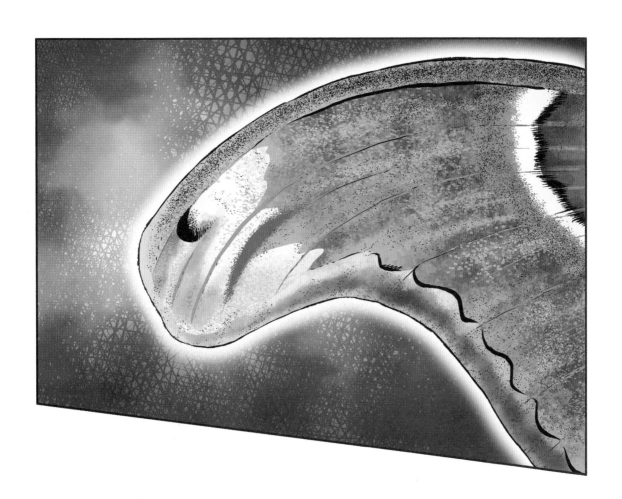

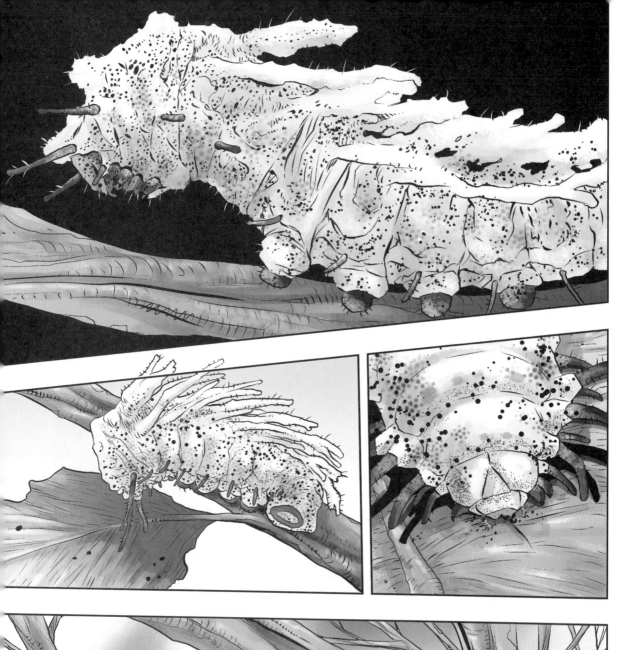
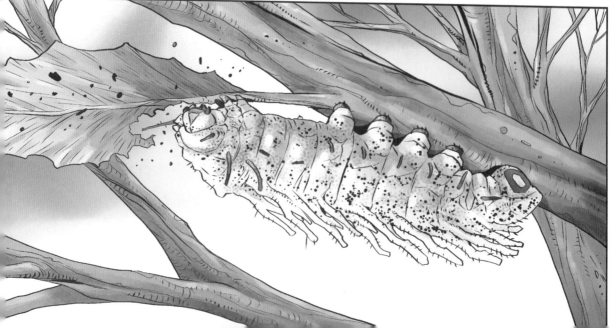

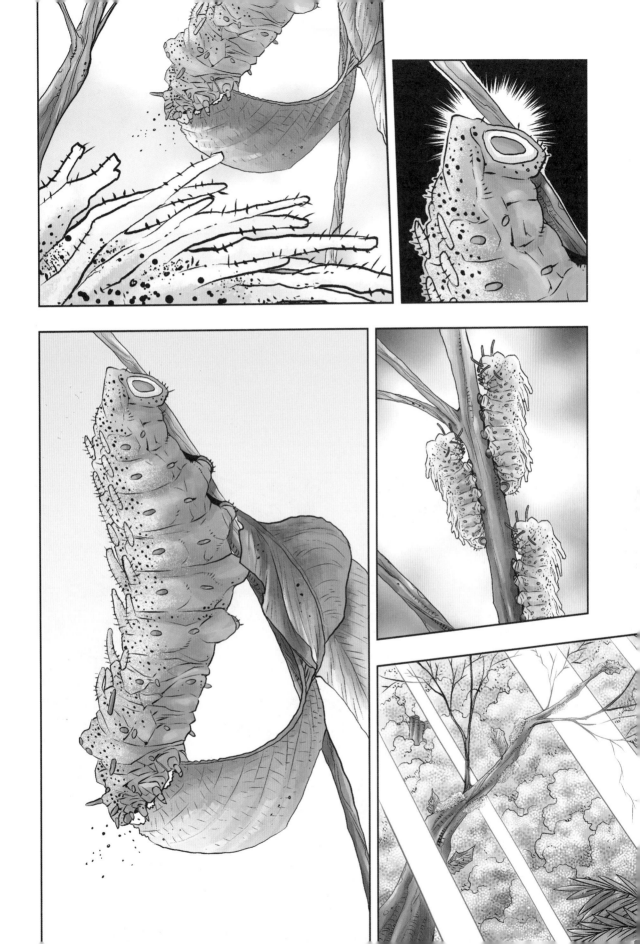

哗啦啦啦啦

呼哧！

呼哧！

哗啦啦

呼哧！

呼哧！

小明,休息一下再走吧?顺便看看你的脚。

嗯,这样也好。

呼哧！

让我看看。

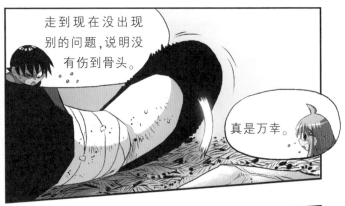

走到现在没出现别的问题,说明没有伤到骨头。

真是万幸。

哦?

奇怪呀,那里是怎么回事?

哪里?

树叶……一片树叶也没有！

* **大发生**：某种生物的个体数量在一定的区域内爆炸性增加的现象。

看树干和树枝都很正常，应该是被毛毛虫或其他虫子啃光了叶子吧？

但啃得这么光溜溜的不是很奇怪吗？

莫非基因突变的同时也引起了昆虫的大发生*吗？就像蝗虫群一样……

呼 呼 呼 呼 呼

不会吧……难道不是像某人一样只是贪吃而已吗？

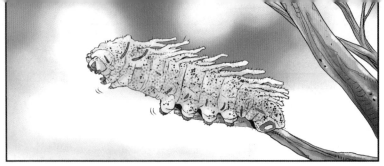

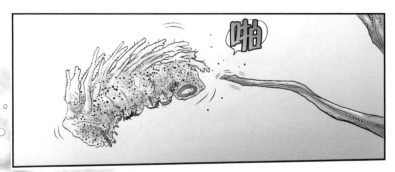

啪

旋转

啪

嗯？

沙沙

什么呀？

啊啊

卵　→　一龄　→　二龄　→　三龄

四龄

五龄

啊,我想起来了!长度超过10厘米、浑身长满角刺、尾巴上有个标志性的红色圆圈,这肯定是阿特拉斯蛾的幼虫没错。

阿特拉斯蛾不是世界上最大的飞蛾吗?其幼虫的大小果然也不容小觑啊!

如果说是这些家伙把树叶都吃光了,我就相信了。

我的郎君在何处?

成虫因为没有嘴巴什么都不能吃,所以最多只能存活两周左右,一旦交配产卵后就会死去。因此它们在幼虫时期个头又大又很能吃,这样才能储存足够的营养物质。

这附近会不会有阿特拉斯蛾呢?

会没有吗?

啊!!!

在那边!

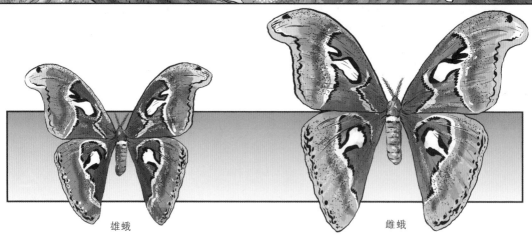

雄蛾

雌蛾

阿特拉斯蛾的翅膀展开可达 20 厘米以上,雌蛾比雄蛾略大。

翅膀前端往外突伸,看似蛇头,据说是为了让鸟儿不敢轻易靠近。

真的很像蛇呢，鸟儿会被吓到吧？

真是惟妙惟肖的拟态*啊。

嗯。

在热带雨林里所见的一切都这么神奇。

呼 呼

*拟态：一种生物在外形、姿态、颜色或行为等方面模仿他种生物或其他物体以躲避天敌的现象。

呼呼呼呼呼

世界上最大的飞蛾——阿特拉斯蛾

阿特拉斯蛾生活在东南亚的热带雨林中，是世界上最大的飞蛾。其名字取自希腊神话中支撑苍天的擎天神阿特拉斯。又因其前翅先端和蛇头相似，所以有些地方又称之为"蛇头蛾"。

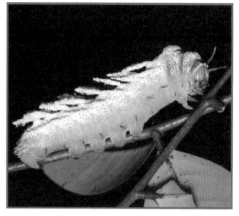

阿特拉斯蛾的幼虫

●**特征** 翅膀面积超过 400 平方厘米，翅展 25~30 厘米。雌蛾比雄蛾更大、更重。

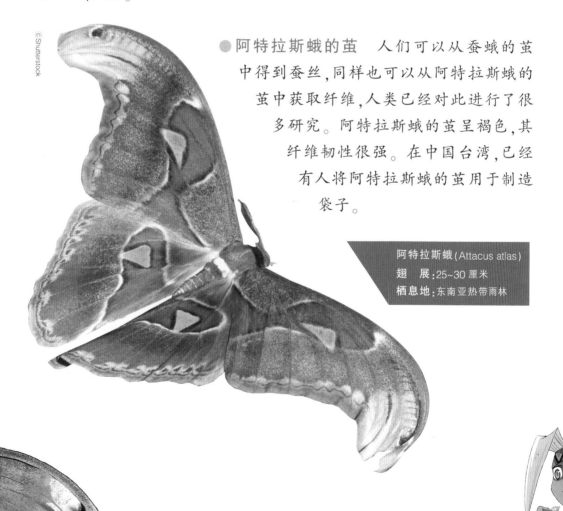

●**阿特拉斯蛾的茧** 人们可以从蚕蛾的茧中得到蚕丝，同样也可以从阿特拉斯蛾的茧中获取纤维，人类已经对此进行了很多研究。阿特拉斯蛾的茧呈褐色，其纤维韧性很强。在中国台湾，已经有人将阿特拉斯蛾的茧用于制造袋子。

阿特拉斯蛾 (Attacus atlas)
翅　展：25~30 厘米
栖息地：东南亚热带雨林

动物的自我保护——拟态

拟态是指动物为了保护自己不受侵害或易于捕到食物,而对周围的物体或其他动物进行相似性模仿的行为。拟态分为两种:一种是要凸显自己的外形,一种是要隐藏。

●为了隐蔽的拟态　长得像树枝的竹节虫、外形和树叶相似的蝗虫,它们将自己隐藏在周围的环境中,这种方式叫隐蔽拟态。通过这种方式,它们不仅可以避开捕捉自己的捕食者,还能掩护自己悄悄接近猎物进行捕猎。

●为了警戒的拟态　伪装成有毒、味道不佳、攻击性强的动物,这种方式叫警戒拟态。与隐蔽拟态不同的是,警戒拟态是积极地把自己的外形凸显出来以避开捕食者的方式。例如,蜂蝇虽然是苍蝇的亲属,但多亏了与蜜蜂相似的外形来吓退入侵者。

隐藏在花丛中的蜘蛛

在草丛间隐藏自己的蝗虫

借助植物茎部隐藏自己的螳螂

肤色与背景颜色相似的蜥蜴

第6章 魔菇

不快点儿跟上干吗呢？

肚子太饿一步也走不动了。

喂，别装模作样了！现在可不是以肚子饿为由讨价还价的时候！

咕噜噜

不过……从早上开始没吃东西一直走路，饿是正常的呀！

咳～
咳～

哎哟喂,好晕啊!两眼都冒金星了!

那我们找找看周围有什么能吃的东西吧。

咳

咳

真的?

妈呀

真是洋相百出啊!

咔啊啊!

呸!

呸!

啪啪啪

他这是怎么了？

找到宝了！

抱住

我长这么大第一次见到蘑菇这么开心。

颜色不艳丽，而且没有香味，看来不是毒蘑菇。

吭吭

我要开动了！

啊

啪

你、你干什么呀，萨莉玛？！

......

你是怕我一个人都吃掉吗？

真够幼稚的……

我像你一样吗？

喏，我留了一份给你！

想吃的话你都吃了吧！那是毒蘑菇的一种，叫魔菇！

咦呀

毒、毒蘑菇？

呼啦

虽然每个人有个体差异,但吃了它会出现手脚和舌头不听使唤,幻听和失眠,思维能力明显下降等症状。所以它又叫"致幻蘑菇",即"魔菇"。

哦嗬! 哦嗬嗬嗬! 哦嗬嗬!

那……毒性会不会透过皮肤侵入体内呀?

啪啪啪啪

人们通常认为色彩艳丽、未被虫子啃食、菌盖没被撕裂的蘑菇是毒蘑菇,其实那并不完全准确。

白毒鹅膏菌

有些毒蘑菇和食用菌外形极其相似,有时甚至连专家都很难分辨。所以为了安全起见,你还是假装没看见它们好了。

纯黄竹荪

随处可见的蘑菇,居然只能看不能吃!

当然也有办法来判断是不是能吃的蘑菇。

沙沙

沙

首先用蘑菇在手臂或手背上轻轻擦拭，过一段时间后确认没有发痒或刺痛。

接下来撕一小块放到舌头上观察一下有没有异常反应。

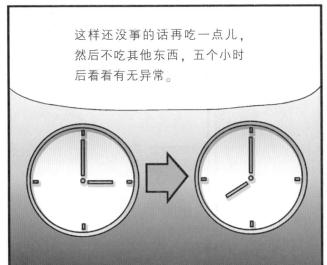

这样还没事的话再吃一点儿，然后不吃其他东西，五个小时后看看有无异常。

喂喂，用这种食用测试想饿死人啊？

怎么等得了五个小时？

咕噜噜

以我们现在的情况要打猎也不可能，希望再走走可以发现能吃的水果。

呜呜……

好大一棵枯树啊,看来死了很久了吧。

啊,对了!

稍微忍一会儿,我带你吃好吃的。

好吃的?

在哪儿?在哪儿呀?

就是它!

枯树?

你的脑袋不是出问题了吧?枯烂的木块怎么吃啊?

什么都不懂的你还是生堆火吧,剩下的我来处理。

她究竟在想什么呢?

找到了!

蠕动

蠕动

妈呀

是、是毛毛虫啊！

蠕动

蠕动

昆虫的幼虫蛋白质丰富，味道又好，在我们原住民中是出了名的美味。

怎么，不想吃？

当然了！

暴怒

蠕动

我又不是小鸟，怎么能吃毛毛虫呢？

比萨

炸酱面

汉堡

烤五花肉

好想吃啊！好想吃，好想吃……

你不想吃就算了。本来生吃就可以的，我是为你着想才说要烤熟的。

啊呜

生吃毛毛虫时有可能被它坚硬的下颚刺伤，所以要把它的头摘掉后再吃。

啪

唔

真好吃！

喳喳 喳喳

吃起东西来完全
不顾形象啊!

萨莉玛,剩下的也全烤了
吃吧!给他们的等我吃完
后再抓。

早就知道
会这样。

啪啪啪

快点熟吧,快点熟吧!

蠕动

蠕动

什么是毒蘑菇？

具有自然植物性毒性，能够引起人体系统障碍，使人体出现中毒症状的蘑菇统称毒蘑菇。不同种类的毒蘑菇所含的毒性成分不同，人类食用后的中毒症状也不同。

●毒鹅膏菌·鳞柄白鹅膏　有6~12个小时的潜伏期，由呕吐和腹泻开始，进而引发痉挛陷入昏迷。可诱发肝障碍及心脏障碍，死亡率高达70%以上。

●毒蝇鹅膏·小毒蝇鹅膏·裂丝盖伞　潜伏期为1~2个小时，会发生呕吐、腹泻和视力障碍。进入醉酒一般的兴奋状态，严重时会意识模糊。

●月夜菌·簇生黄韧伞·毒粉褶菌　会引发严重的腹痛、呕吐、腹泻和呼吸困难。很容易接触到，属于易中毒的毒蘑菇。

●红褐杯伞　吃过许多天后才会出现症状。手脚末端产生疼痛并肿胀，症状可持续1个月左右。

●橘黄裸伞　诱发呕吐、眩晕症等并进入兴奋状态。也会引起幻觉、狂乱等，但一天后即可恢复。

©Pmx

鳞柄白鹅膏　外形纯白无瑕，毒性却非常大，因此也被称作"死亡天使"。

对毒蘑菇的误解

人们一般认为,色彩艳丽、未被虫子啃食、菌盖的垂直纹理没有撕裂的蘑菇是毒蘑菇,所以很多情况下以为不符合以上例子的蘑菇就可以吃。这是种很严重的误解。由于毒蘑菇的种类太多,仅靠艳丽的色彩和垂直纹理来判断其毒性是很危险的。另外,由于对虫子有毒的成分和对人类有毒的成分不同,所以,并不是虫子啃食的蘑菇人类就能吃。传统方法上用来检测毒性的银在毒蘑菇上也并不适用。银遇到硫化物会变黑,但毒蘑菇的毒是由碳、氢和氮元素构成的,所以银不会变色。

减少毒蘑菇中毒事故的方法

● 不要盲信民间流传的毒蘑菇分辨方法。

● 只摘取确实知道所属种类的蘑菇食用。

● 由于外形相似的蘑菇很多,所以不要只靠照片来推测蘑菇种类。

| 毒蘑菇毒蝇鹅膏 | 食用菌橙盖鹅膏菌 |

由于相似外形的蘑菇很多,不具备专业知识要区分蘑菇是很困难的。

第 7 章　看不见的危险

呃,好冷!

雨滴比刚才小了,应该很快就会停了。

要急着赶路,可偏偏这时候下骤雨……

停雨以后,为了以防万一,我们得找个能过夜的地方。

不知现在小宇和萨莉玛在哪儿呢?

嗯。树上还行吧?也可以避开野兽。

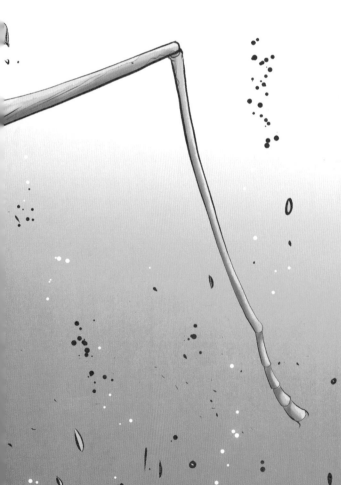

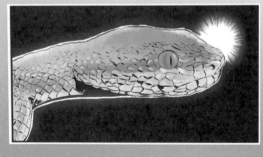

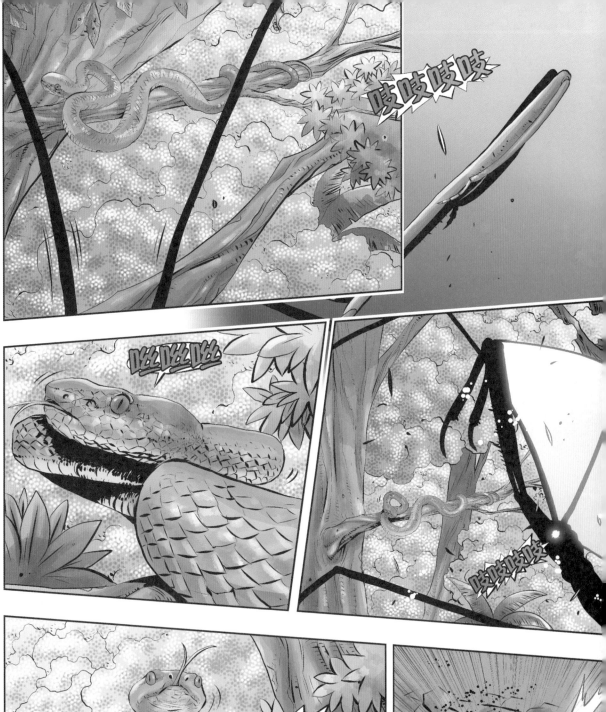

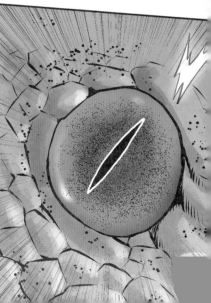

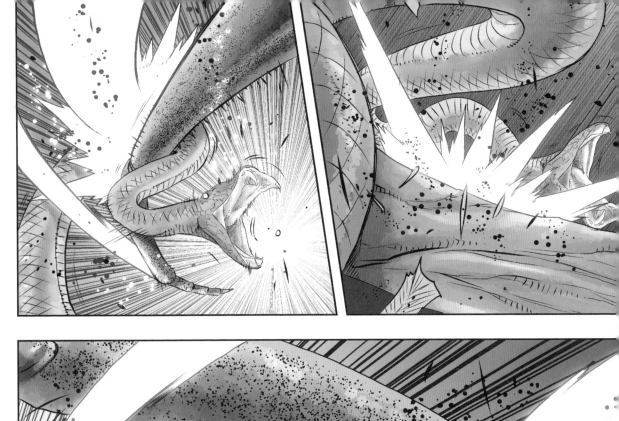

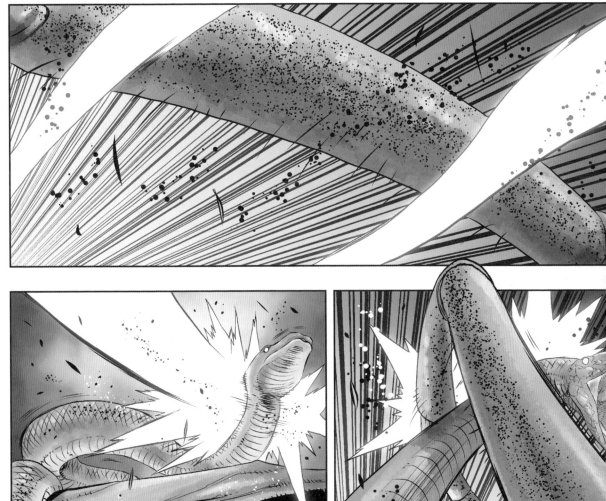

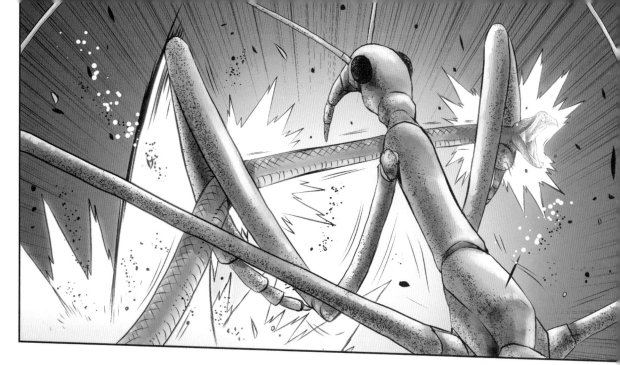
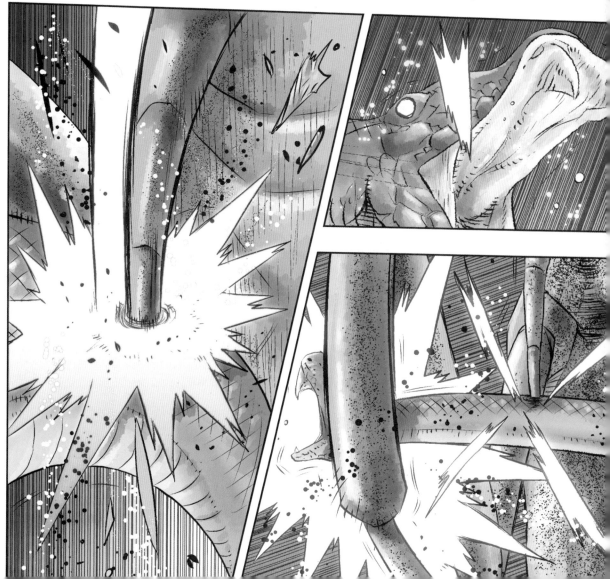

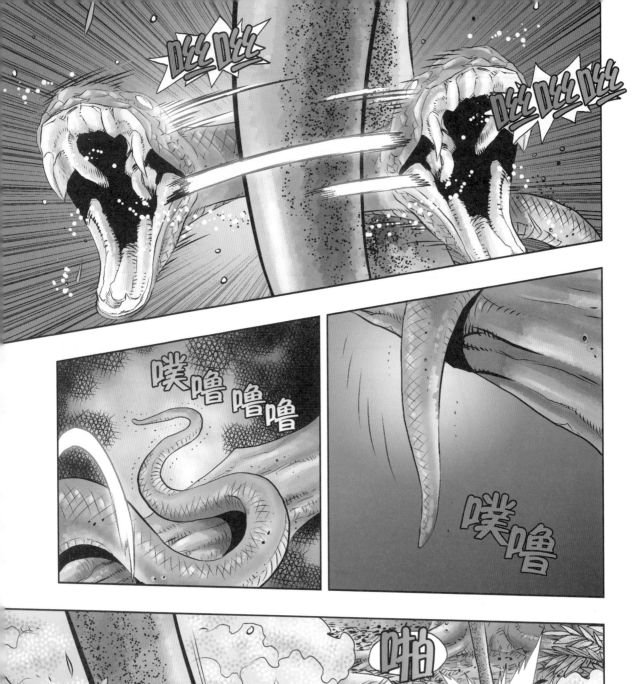

萨莉玛,太阳就要落山了!我们得加快速度了!

哦

刷啦

嘭!

嗷呜!

你心里着急我能理解,但再走下去就很勉强了。我们得作过夜的准备了。

真是够滑的！

嗒嗒

嗒嗒嗒

什么声音？

嗒嗒嗒

聪明的孩子做事果然不一样啊！

声音是有节奏地发出的，这一定是他们发出的信号！

你也听见了吧？

声音越来越大了,看来他们就在附近!

阿拉!小明!

追踪热能的猎手——响尾蛇

　　响尾蛇属蝰亚科,全世界共生活着18属151种蝰亚科蛇,其中已发现的最小的长约30厘米,最大的超过了3米。

●**热感应器**　响尾蛇的眼睛和鼻孔之间有颊窝,这是它的热感应器,它以此来感知猎物的体温并追击猎物。蛇的热感应器异常敏感,就算是再小的猎物也可以感知得到。热感应器之所以存在于头部的多个地方,是因为各个部位所感应到的热能有细微的差异,它们就是利用这个差异来准确定位猎物。实验结果显示,在视觉和听觉被麻痹的状态下,响尾蛇仍可以准确追击到比周围温度高 0.2℃的物体。

●**捕猎方法**　响尾蛇大部分是夜行性的,一般潜伏在树枝等处,待猎物经过时迅速用毒牙攻击,注入毒液后暂时退后,在一旁等到猎物不再动弹时再将其吞食。

响尾蛇(Crotalinae)
体　长:最长 4 米
栖息地:亚洲、美洲大陆等地。

© Shutterstock

第8章 蚊猎蝽的袭击

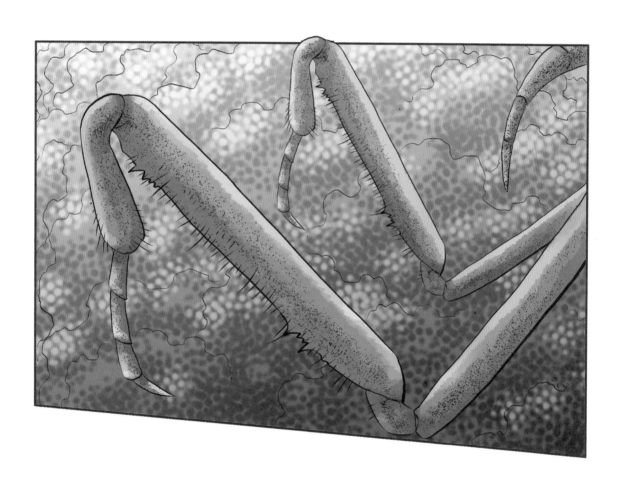

这家伙叫蚊猎蝽。因为它的腿太长了,我们根本无法靠近攻击!

蚊猎蝽?名字起得不错嘛!

生活在婆罗洲的蚊猎蝽,其特征就是我们所见到的腿和身体都又细又长。这些家伙潜伏在水草中,利用和螳螂相似的镰刀状的前肢,

捉住猎物后用吸管状的嘴巴吸食它们的体液。

吱吱

咔咔咔咔

它朝我们过来了,都一瘸一拐了还走得像模像样啊。千万要小心它那两把"镰刀"!

不用担心。只要不是偷袭,这种家伙我还对付得了!

吱吱吱吱

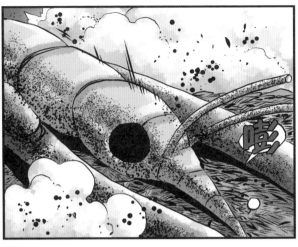

昆虫界的偷袭能手——蚊猎蝽

蚊猎蝽是遍布全世界的肉食昆虫猎蝽科的一种。与猎蝽科其他昆虫短粗的身材不同的是,它的身体非常单薄,而且身体和腿都很长。它们利用中间的腿和后腿走路,利用镰刀状的前腿捕捉食物。虽然有很薄的翅膀,但无法飞行很远。

●猎食方法:因为它会偷偷藏起来等待猎物靠近再攻击,所以又叫"昆虫刺客"(Assassin bug)。蚊猎蝽藏身在花朵等昆虫经常靠近的植物中,等猎物出现时用镰刀状的前腿制住猎物,然后用针形的嘴巴吸食其体液。

●特征:腿又细又长,身体单薄,体重非常轻,甚至能够在蜘蛛网上行走,移动时悄无声息。不过,由于腿过于细长,所以不能快速移动是它的弱点。

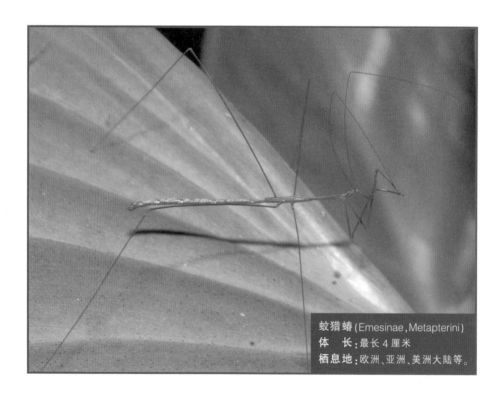

蚊猎蝽(Emesinae,Metapterini)
体　长:最长4厘米
栖息地:欧洲、亚洲、美洲大陆等。

第９章 飞行的蝙蝠群

嗡嗡嗡嗡嗡

虽然现在不是悠哉地观赏景色的时候，但这几十万只蝙蝠一起飞行……

真令人感到惊奇。

这算不了什么。我在姆鲁国家公园的鹿洞中见过几百万只的蝙蝠群集体飞行捕食的场面，那才叫壮观呢！

几……几百万只？

嗯。

生活在婆罗洲岛的蝙蝠全加起来应该超过一千万只了。

嗡嗡嗡嗡

这么多的蝙蝠每天都在捕食，雨林里仍然到处都是昆虫，可见婆罗洲热带雨林真是座生态系统的宝库啊！

可令人惋惜的是，人类为了满足自己的私欲而对婆罗洲雨林进行无节制地开发和滥伐，已经造成持续的破坏了。

吱吱吱
吱吱 吱吱
吱吱吱吱吱
吱吱吱
吱吱

小明,看来我们附近有什么动物。

是猴子们在活动呢,不用担心。

是吗?

已经日落了,不能继续前进了,但我们还没找到落脚的地方,真糟糕!

哦?

是火光!会不会……

怎么了?

阿拉呀!

啊,真可恶!

我们为了找他们已经够焦急的了,这些蝙蝠还老出来添乱!

天黑了,夜行性的蝙蝠开始出来猎食了。

刚才的声音……

小宇！

阿拉……
是你吗？

小宇！

萨莉玛！

阿拉！

你没事就好！

扑棱棱

洞穴里既能避雨，具有威胁性的动物也少，在不得已的情况下待一晚还是可以的。

小明的话没错。跟着蝙蝠群走很快就找到了洞穴，而且离江边也不远，真是太好了！

但我不喜欢洞穴。本来就热，洞穴里肯定又潮湿又闷。

不，婆罗洲的洞穴空间很大，一点都不闷。

洞里的地面可能会很滑，大家小心点。

越往里走越
宽阔了。

好像有股发霉
的味道……

停住

呃……

정글에서 살아남기 5

Text Copyright ⓒ 2010 by Hong, Jaecheol
Illustrations Copyright ⓒ 2010 by Lee, Taeho
Simplified Chinese translation copyright ⓒ 2012 by 21st Century Publishing House
This Simplified Chinese translation copyright arrangement with LUDENS MEDIA CO., LTD.
through Carrot Korea Agency, Seoul, KOREA
版权合同登记号 14-2010-522

图书在版编目(CIP)数据

魔鬼镰刀手 / (韩) 洪在彻著 ; (韩) 李泰虎绘 ; 苟振红译.
-- 南昌 : 二十一世纪出版社, 2013.6(2024.11 重印)
(我的第一本科学漫画书. 热带雨林历险记 ; 5)
ISBN 978-7-5391-8607-8

Ⅰ.①魔··· Ⅱ.①洪··· ②李··· ③苟···
Ⅲ.①动物–少儿读物 Ⅳ.①Q95–49

中国版本图书馆 CIP 数据核字(2013)第 087767 号

我的第一本科学漫画书　热带雨林历险记⑤
魔鬼镰刀手 MOGUI LIANDAO SHOU　　[韩]洪在彻 / 著　　[韩]李泰虎 / 图　苟振红 / 译

出 版 人	刘凯军
责任编辑	姜 蔚
美术编辑	陈思达
出版发行	二十一世纪出版社集团
	(江西省南昌市子安路 75 号 330025)
网　　址	www.21cccc.com
承　　印	江西宏达彩印有限公司
开　　本	787 mm×1092 mm 1/16
印　　张	11
版　　次	2012 年 7 月第 1 版　2013 年 6 月第 2 版
印　　次	2024 年 11 月第 27 次印刷
书　　号	ISBN 978-7-5391-8607-8
定　　价	35.00 元

赣版权登字-04-2012-231　版权所有,侵权必究
购买本社图书,如有问题请联系我们:扫描封底二维码进入官方服务号。
服务电话:0791-86512056(工作时间可拨打);服务邮箱:21sjcbs@21cccc.com。

玩游戏，看漫画，学数学，
轻松提高逻辑推理能力！

数学世界历险记

（共八册）

● 开　本：16开
● 定　价：35.00元/册

　　每次数学测验都考倒数第一的郭道奇，他的父母却是数学家。一天，道奇收到父母从美国寄来的一台虚拟游戏体验机，坐在这台游戏机里，道奇进入了一个虚拟的数字世界。数字世界里所有的游戏角色都是立体的，与现实世界中的人一样大小，一样有感情，被他们打了一样会觉得痛。不仅如此，这里还有一个叫路西法的人工智能程序，居然想要统治现实世界。道奇的任务就是解答路西法出的各种古怪的数学难题，阻止路西法的阴谋。

　　这套由小学数学老师参与编写的漫画故事书中，穿插介绍了数学基本概念、数学家的故事、数学知识在生活中的运用等。全套书共八册，每册里都有几个学习重点并配以难易程度不同的数学题。漫画迷们在玩游戏、看漫画的过程中，就可以培养学习数学的兴趣和提高推理能力。

创作团队

洪在彻　韩国著名漫画策划人，《我的第一本科学漫画书·绝境生存系列》《我的第一本科学漫画书·热带雨林历险记》等科学漫画书的作者。

柳己韵　《神秘洞穴大冒险》《原始丛林大冒险》《地震求生记》《南极大冒险》的作者。

文情厚　创作《神秘洞穴大冒险》《原始丛林大冒险》《地震求生记》《南极大冒险》的漫画家，其作品多次获得漫画奖。

李江淑　首尔金童小学数学教师。